HARALD LESCH

ÜBER GOTT, DEN URKNALL UND DEN ANFANG DES LEBENS

HARALD LESCH

ÜBER GOTT, DEN URKNALL UND DEN ANFANG DES LEBENS

mvgverlag

Bibliografische Information der Deutschen Nationalbibliothek
Die Deutsche Nationalbibliothek verzeichnet diese Publikation in der Deutschen Nationalbibliografie. Detaillierte bibliografische Daten sind im Internet über http://d-nb.de abrufbar.

Für Fragen und Anregungen:
info@mvg-verlag.de

Originalausgabe
1. Auflage 2019

Nymphenburger Straße 86
D-80636 München
Tel.: 089 651285-0
Fax: 089 652096

Dieser Titel erschien erstmals 2009 als Hörbuch im Galila Verlag unter dem Titel *Über Gott, den Urknall & den Anfang des Lebens.*

Redaktion: Sybille Beck
Umschlaggestaltung und -abbildung: Laura Osswald
Layout und Satz: inpunkt[w]o, Haiger (www.inpunktwo.de)
Druck: Livonia Print, Riga
Printed in Latvia

ISBN Print 978-3-7474-0008-1
ISBN E-Book (PDF) 978-3-96121-333-7
ISBN E-Book (EPUB, Mobi) 978-3-96121-334-4

Inhalt

Mit wem Sie es hier überhaupt zu tun haben

Mein Name ist Harald Lesch. Ich bin Astrophysiker. Das heißt, ich beschäftige mich professionell mit den Dingen im Himmel. Ich bin zugleich Professor für Naturphilosophie an der Hochschule für Philosophie der Jesuiten in München. Und daran können Sie schon erkennen: Ich beschäftige mich auch mit dem Wesen des Himmels und mit Gott. Nun, was hat ein Astrophysiker mit Gott zu tun? Astrophysik ist zunächst einmal ein klares Handwerk, das man lernen kann. Dieses Handwerk heißt Physik. Das heißt, man lernt Werkzeuge kennen und man lernt, diese Werkzeuge zu benutzen. Die Physiker benutzen diese Werkzeuge, um herauszufinden, woraus die Welt besteht, wie die Dinge zusammenhängen und welche Prozesse diese Welt bestimmen. Die Physik tut das auf eine ganz einfache Art und Weise, indem sie nämlich sagt: In der Welt geht es mit rechten Dingen zu! Unsere menschliche Vernunft kann einen Teil dieser Welt erkennen. Und trotz all der triumphalen Erfolge der Physik in den letzten 500 Jahren bleibt immer und immer noch die große Frage, die auch immer bleiben wird: Was steckt eigentlich dahinter? War es ein Gott, der dieses Universum schuf? Oder ist das Universum am Anfang nur eine quantenmechanische Fluktuation eines Quantenschaums gewesen? Nun, in diesem Teil der Welt, im christlich geprägten Abendland, haben wir uns für eine Geistesrichtung entschieden, die sehr stark mit dem christlichen Hintergrund zu tun hat. Und zu diesem christlichen Hintergrund gehört ein bestimmtes Gottesbild. Und dieses Gottesbild ist teilweise sehr kompliziert. Ich will jetzt keine Theologievorlesung halten. Deswegen habe ich mir gedacht: Ich erläutere Ihnen einfach mal ganz privat – wir sind ja unter uns – wie meine Gottesvorstellung so ist, damit Sie schon mal wissen, mit wem Sie es zu tun haben. Wenn ich Ihnen nachher was vom Universum erkläre, können Sie immer denken: »Der Mann hat ja merkwürdige Vorstellungen von Gott.« Also, ich bin Protestant. Ja. Ja, damit müssen Sie jetzt klarkommen. Ich bin Protestant. Das heißt, ich gehöre dem protestantischen Glaubensbekenntnis an. Und da steht zum Beispiel: »Ich glaube an Gott den Herrn, den Vater und Schöpfer des Himmels und der Erde.« – »Was ist damit gemeint? Wie kann sich denn der als Physiker mit so einem Glaubensbekenntnis auseinandersetzen?«, fragen Sie bestimmt. Na, ich werde es Ihnen gleich sagen. Ich habe, um es auf den Punkt zu bringen, ein außerordentlich naives Gottesbild. Ich kann mit kosmischen Spiritualitäten, die irgendwo im Hintergrund des Alls herumwabern, nur wenig anfangen. Ich verlange von meinem Gott, dass er mir behilflich ist. Jetzt nicht behilflich in dem Sinne, dass er mir unter die Arme greift, aber dass er mir wenigstens den Wertebereich angibt, innerhalb dessen ich mich zu verhalten habe. Für mich ist ein Gott oder mein Gott einer, der ganz klare ethische Vorgaben liefert: Wie hat der Mensch sich in der Welt zu verhalten? Der Wertekanon, der dazu gehört, wird zum Bespiel in den Zehn Geboten angeliefert. Also, man sollte sich vernünftig verhalten.

Das kommt aber erst im Nachhinein. Das werde ich Ihnen nachher noch erklären, wie unsere Vorstellungen von Gott tatsächlich auch mit unserer eigenen Entwicklung zusammenhängen. Also, mein Gottesbild ist ein außerordentlich naives, es ist sehr persönlich. Ein persönlicher Gott, das ist ein Gott, mit dem ich was anfangen kann. Also ein Gott, der quasi-menschliche Eigenschaften hat, denn nur dann, wenn sich Gott verhält, wie der Mensch es kennt oder wenigstens im Prinzip kennen würde, kann er mit diesem Gott was anfangen. Was soll ich mit einem Gott, der Eigenschaften besitzt, die mir in keiner Art und Weise irgendwie nahekommen können? Also, Sie sehen schon, ich bin ein ziemlicher Romantiker, wie fast alle Astrophysiker Romantiker sind. Was aber außerordentlich bemerkenswert ist, ist die Tatsache, dass es immer wieder in der Geistesgeschichte des Abendlandes Versuche gegeben hat, Gott anders zu definieren, als ich das jetzt getan habe. Also durch dieses Persönliche: Der ist mir nahe, weil er eine Person sein könnte mit persönlichen Eigenschaften. Nikolaus von Kues ist ein Philosoph des ausgehenden Mittelalters und der beginnenden Neuzeit, also 15. Jahrhundert. Der hat sich damals Gedanken gemacht über Gott und sagte: »Bei Gott müssen alle Widersprüche zusammenfallen!« Also das Allergrößte und das Allerkleinste müssen bei Gott quasi in einen Topf zusammengehen. Selbst der Satz vom Widerspruch – na, jetzt kommt der Philosoph durch, Entschuldigung ... Der Satz vom Widerspruch lautet: Eine Aussage kann nicht zugleich wahr und falsch sein. Selbst dieser Satz vom Widerspruch, der könne bei Gott keine Gültigkeit haben. Und von Kues gilt damit als einer der Begründer der sogenannten negativen Theologie, die also versucht, Gott dadurch zu definieren, was er alles nicht ist. Das ist natürlich sehr geschickt, denn damit umgeht man praktisch alle Probleme der genauen Definition. Man sagt immer deutlicher und deutlicher, was alles nicht Gottes Eigenschaft sein kann. Alle Rede von Gott führt offenbar immer wieder in große Widersprüche – nicht zuletzt deshalb, weil Gott auch ein Begriff ist, den wir Menschen gemacht haben und der in vielen Religionen ganz unterschiedlich gedacht wird. Oft ist er mit der Natur gleichgesetzt, also ein Pantheismus mit dem Glauben, dass Gott in der Natur liegt. Auch damit könnte man sich prima abfinden, denn gerade wir Naturwissenschaftler sind ja auf der Suche nach etwas, das eigentlich gar nicht zu unserem Aufgabenbereich gehört, nämlich nach dem Wesen der Natur. Wir möchten wissen: Was steckt denn nun dahinter? Also nicht nur dieser Satz von Faust: »Was die Welt im Innersten zusammenhält«, ist unsere Aufgabe, sondern auch das, was dahintersteckt. Ist das, was wir in den Naturwissenschaften herausfinden, schon alles? Oder gibt es da noch ein großes Netzwerk von Sinnzusammenhängen, an die wir aber möglicherweise mit unseren Messgeräten überhaupt nicht rankommen? Na ja, also ich würde sagen, wir fangen mal an. Nachdem Sie jetzt wissen, mit wem Sie es zu tun haben, nämlich mit einem protestantischen Christen, der Physik und Philosophie betreibt, können wir jetzt, glaube ich, mit dem Beginn des Kosmos anfangen.

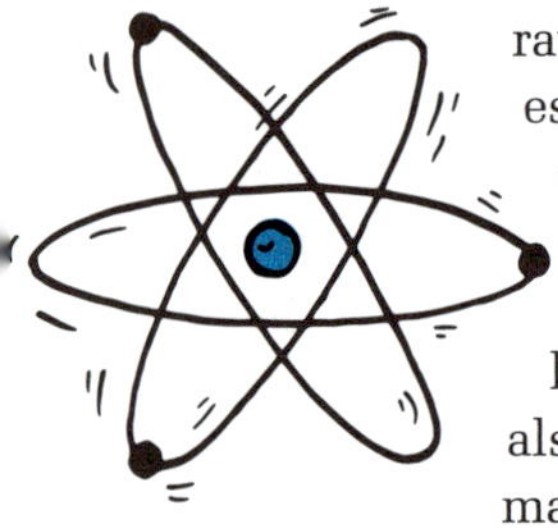

Der Beginn des Kosmos

Sie kennen ja diese Geschichten: Das war damals so ein Tag, an dem es ganz schlimm gehagelt hat. Nein, das ist natürlich Quatsch. Es gab ja noch keinen Tag. Es gab ja noch gar keine Zeit. Es gab auch keinen Raum. Also, was auch immer da gewesen sein mag, das führt uns schon direkt zu dem ersten großen Problem, das ich hier ansprechen müsste, und bei der Gelegenheit komme ich dann noch mal auf Gott zurück: Es gab lange Zeit die Diskussion darüber, wie Naturwissenschaften und Gott miteinander auskommen könnten. Können Naturwissenschaftler an Gott glauben? Das wurde dann natürlich heftig diskutiert. Ja, Gott sei da! Also, nicht Gott sei Dank, sondern Gott sei da, wo die Wissenschaft noch nicht ist. Und das war der Beginn des großen Rückzugs der Theologie, denn jedes Mal dann, wenn man etwas mehr über die Zusammenhänge im Kosmos herausgefunden hatte, wurde Gott eben kleiner, immer kleiner und noch kleiner. Und genau dieses Rückzugsgefecht hat dazu geführt, dass man heutzutage meint: Die Naturwissenschaften können die ganze Welt erklären. Erklärung als Rückführung auf allerallgemeinste Prinzipien. Und die Theologie und jedes Gespräch von Religion sei eigentlich hinfällig, sei überflüssig. Warum auch? Wofür auch? Die Naturwissenschaften werden im Zweifel alles erklären können. Nun, heutzutage würde das bedeuten, dass Gott eine Ausdehnung von 10^{-35} Metern hat mit einer Zeitskala von 5 mal 10^{-44} Sekunden und einer Temperatur von 10^{32} Grad und einer Dichte von 10^{96} Kilogramm pro Kubikmeter. Ja. Da wundern Sie sich, dass man das so genau sagen kann. Aber das war der Anfang des Universums, wenn man glaubt, dass unsere etablierten Theorien, die wir heute haben – also Quantenmechanik und Relativitätstheorie – den Anfang des Universums adäquat beschreiben. Warum sollen die das tun? Nun, 1929 hat der Amerikaner Edwin Hubble herausgefunden, dass die Galaxien, die am weitesten von uns ent-

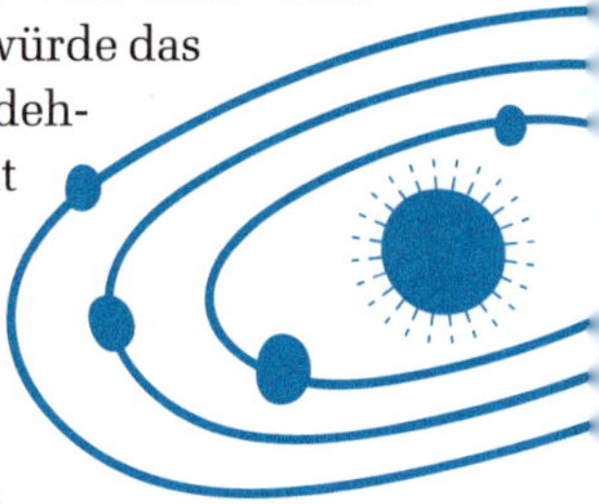

fernt sind, sich am schnellsten von uns entfernen. Ja. Also müssen Sie sich vor Ihrem geistigen Auge Folgendes vorstellen: Sie haben einen Luftballon. Da ist noch keine Luft drin. Und auf der Oberfläche des Luftballons sind lauter Punkte gleichmäßig verteilt. Sie blasen nun in den Luftballon hinein. Und dann werden Sie sehen, dass die Punkte sich am schnellsten voneinander entfernen, die am weitesten voneinander entfernt sind. Und das bedeutet mit anderen Worten: Das Universum breitet sich aus. Tja, das bedeutet aber im Rückgriff, wenn wir jetzt mal gemeinschaftlich dieses Gedankenexperiment vollziehen, dass das Universum gestern kleiner war, und vorgestern war es noch kleiner. Und irgendwann landen wir bei der Größe eines Atoms. Für Atome haben wir eine Theorie, und was für eine: eine grandiose Theorie, nämlich die sogenannte Quantenphysik. Ich nehme an, Sie besitzen einen CD-Spieler oder einen DVD-Spieler. Da ist ein Laser drin. Laser bedeutet: Lichtverstärkung durch stimulierte Emissionen von Strahlung. Das ist besonders intensives Licht. Und der Laser ist ein quantenmechanisches Gerät. Also offenbar kann man mit Quantenmechanik sogar Technologien entwickeln. Technologien, die funktionieren. Selbst dann, wenn diese Theorie gar nicht richtig wäre, ist sie offenbar in der Lage, sich in Technik verwandeln zu lassen. Jetzt ist natürlich Erfolg noch kein Garant für Wahrheit. Also nur, weil eine Theorie erfolgreich ist, heißt es noch lange nicht, dass sie auch richtig oder gar wahr ist. Über Wahrheit wissen wir ohnehin nichts zu sagen in den Naturwissenschaften. Um Gottes willen! Wir können immer nur herausfinden, ob etwas nicht falsch ist. Aber wenn, dann würde ich sagen: Die Quantenmechanik gehört sicherlich zu den Theorien, die man extrem genau vermessen kann. Theodor Hänsch, ein wunderbarer Kollege von mir, der dafür auch den Nobelpreis für Physik bekommen hat, der misst inzwischen die Quantenmechanik auf 20 Stellen hinter dem Komma genau. Wenn es also eine neue Theorie geben sollte, die besser ist als die Quantenmechanik, dann muss sie auf die 21. oder 22. Stelle hinter dem Komma genau sein. Daran merken Sie schon: Wir sind eigentlich ziemlich sicher, dass die Quantenmechanik nicht so falsch ist. Die Quantenmechanik ist also die Theorie von der Struktur der Materie. Und wenn wir das Universum nun in den Anfangszustand hineinlaufen lassen – nur gedanklich, dann würde das bedeuten, dass natürlich am Anfang des Universums auch dieser Anfangszustand durch die Quantenmechanik beschrieben wird. Und das hätte Konsequenzen. Das bedeutet nämlich, dass wir das Universum sich gar nicht auf die Ausdehnung null zusammenziehen lassen können, weil es da eine Regel gibt – die hat Werner Heisenberg Mitte der 1920er-Jahre des 20. Jahrhunderts in die Welt gebracht und die hat sich bis jetzt wunderbar bestätigt –, die besagt, dass man einen Ort nicht mehr genau definieren kann. Da bleibt immer eine gewisse Unschärfe, Unbestimmtheit. Genauso für die Zeit. Auch die Zeit lässt sich nicht genau bestimmen. Nun kann man diese Quantenmechanik, also die Physik des Allerkleinsten, mit einer Theorie kombinieren, die mit dem Namen Albert Einstein verbunden ist: die allgemeine Relativitätstheorie. Diese Theorie gibt etwas von einer Kraft wieder, die ganz eigenartig ist. Also sehr, sehr eigenartig. Sie hält uns zum Beispiel hier auf diesem Planeten am Boden. Das ist die Gravitation. Die allgemeine Relativitätstheorie beschreibt die Auswirkung von schweren Massen. Das Universum ist ja das Allergrößte, von dem wir überhaupt wissen. Und das wird sicherlich die größte Masse überhaupt sein. Gravitation muss also im Universum eine Rolle spielen. Sie wissen natürlich Bescheid: Die Planeten drehen sich um die Sonne. Die Sonne dreht sich um das Zentrum der Milchstraße. Die Milchstraße bewegt sich auf die Andromedagalaxie zu. Und so weiter und so weiter. Die Gravitation ist die Königin aller Kräfte, obwohl sie die schwächste aller Kräfte ist. Sie ist 10^{36} mal schwächer als die elektromagnetische Kraft. Das hätten Sie nicht gedacht, das ist aber so. Das merken Sie, wenn Sie vom Hochhaus runterfallen. Am Anfang fallen sie völlig frei, also immer in Richtung Erdmittelpunkt. Aber dann, wenn Sie unten am Grund angekommen sind, also nicht am Grund der Erde, sondern an der Erdoberfläche, dann passiert irgendwas Komisches, denn dann schlägt genau diese elektromagnetische Kraft zu und verweigert Ihnen den weiteren Zutritt in das Erdinnere, also in Richtung Erdmittelpunkt. Diese Kraft ist 10^{36}-mal stärker als die Gravitation. Und dennoch gewinnt die Gravitation immer, weil die Gravitation die einzige nicht abschirmbare Kraft ist. Aber ich will jetzt nicht ausweichen. Sie denken jetzt: »Ja, mein Gott! Der soll was über den Anfang des Universums erzählen.« Das mache ich ja auch. Aber ich wollte Ihnen einfach nur erklären, dass die allgemeine Relativitätstheorie genauso wie die Quantenmechanik eine außerordentlich erfolgreiche Theorie ist, die uns einen ziemlich guten Einblick darüber vermittelt hat, was Gravitation ist. Und bei der allgemeinen Relativitätstheorie gibt es genau wie bei der Quantenmechanik eine Informationsschranke, über die man nicht drüberkann. Bei der Quantenmechanik war es die Unbestimmtheitslänge, die Heisenberg'sche Unbestimmtheitsrelation. Bei der allgemeinen Relativitätstheorie ist es der Schwarzschild-Radius. Bei dem geht es um schwarze Löcher. Also, wenn ein Körper von einer bestimmten Masse eine bestimmte Länge unterschreitet, dann kommt von ihm nichts mehr weg, auch kein Licht. Und dann hat man ein schwarzes Loch. Ich will Ihnen ein Beispiel nennen: Wenn die Erde auf eine Kugel von etwa neun Millimetern zusammenschrumpfen würde – man beachte den Konjunktiv –, dann würde sie zum schwarzen

Loch werden. Die Sonne, die etwa 300 000-mal schwerer als die Erde ist, müsste auf drei Kilometer zusammenschrumpfen, dann würde sie zum schwarzen Loch. Sie ist aber heute 700 000 Kilometer groß. Sie müssen sich also keine Gedanken machen. Die wird auch nie zum schwarzen Loch. Kurzum, diese Theorie gibt an: Wenn in einem bestimmten Raumgebiet eine bestimmte Masse enthalten ist, dann kommt da nichts mehr raus. Das heißt, wir können den Anfang des Universums physikalisch sauber definieren, wenn wir die Quantenmechanik einerseits und die allgemeine Relativitätstheorie andererseits schön durchschütteln, nicht rühren, sondern schön durchschütteln. Und dann kriegen wir genau das, was ich Ihnen am Anfang sagte: Die kleinste kausal sinnvolle Länge im Universum ist 10^{-35} Meter. Nicht null Meter, beachten Sie! Die kleinste kausal sinnvolle Zeiteinheit ist diese Länge dividiert durch die, jawohl, Lichtgeschwindigkeit. Sie sagen es! Also 5 mal 10^{-44} Sekunden. Und dann lässt sich natürlich ausrechnen: Wie viel Energie steckt da drin? Welche Temperatur hätte das Universum gehabt? Und deswegen wäre das, um wieder auf die alte Frage nach Gott und dem Himmel zurückzukommen, die kleinste kausal sinnvolle Einheit, die man dem Universum zubilligen kann. Und Gott müsste kleiner sein. Jetzt sind Sie dran. Ich weiß, ich weiß. Worauf ich hinauswill: Das Universum hat einen bestimmten Anfang. Denn wenn das Universum früher kleiner war, dann muss es ja irgendwann mal angefangen haben, also ganz irgendwann. Heutzutage kann man das ziemlich genau festlegen. Das muss vor ungefähr 13,7 Milliarden Jahren gewesen sein. Und wenn ich Ihnen sage: Das Universum hat vor 13,7 Milliarden Jahren angefangen, dann denken Sie sofort: »Was war davor?« Da können Sie sich gar nicht dagegen wehren, und das brauchen Sie auch gar nicht Das ist so sicher wie das Amen in der Kirche. Und da kann ich nur mit den Schultern zucken. Ich weiß es auch nicht, weiß es auch nicht, weiß es auch nicht. Das weiß niemand. Woher denn auch? Denn wir sind kausalsüchtig. Gerade wir Naturwissenschaftler sind ja extrem kausalsüchtig. Und Sie sind es doch eigentlich auch, sonst hätten Sie sich doch dieses Buch gar nicht gekauft. Sie wollen doch wissen, was dahintersteckt. Und wir Physiker sind da ganz besonders scharf drauf, Astrophysiker noch viel schlimmer. Ich würde Ihnen ja gerne erzählen, was davor gewesen ist. Aber woher soll ich es denn wissen? Kausalität bedeutet nämlich, dass ein Zusammenhang von Ursache und Wirkung besteht. Und da sind wir beim Universum genau beim Problem. Da kann man durchaus schon mal Gott hinstellen, so als unbewegten Erstbeweger. Denn wenn ich Ihnen sage: »Vor 13,7 Milliarden Jahren hat das Universum begonnen.« Und Sie fragen mich: »Ja, was war denn davor?« Dann könnte ich Ihnen sagen: »Davor, da war was ganz Tolles!« Und dann würden Sie sagen: »Und was war vor dem ganz Tollen?« Ja, was weniger Tolles. Und dann kommt man an kein Ende. Man ist an einem logischen Problem angelangt. Aristoteles hat versucht, es dadurch zu lösen, dass er einen unbewegten Erstbeweger in die Welt gebracht hat. Für ihn war damals klar: Der natürliche Zustand der Materie sei der Zustand der Ruhe. Er hat um sich herum Experimente gemacht. Hat zum Bespiel einen Ball von einer Rampe rollen lassen. Und was hat der Ball nach einer Weile gemacht? Er lag ruhig da. Und da hat er sich gesagt: Wenn das der normale Zustand ist, also der natürliche Zustand, dann muss es ja für jede Bewegung etwas geben,

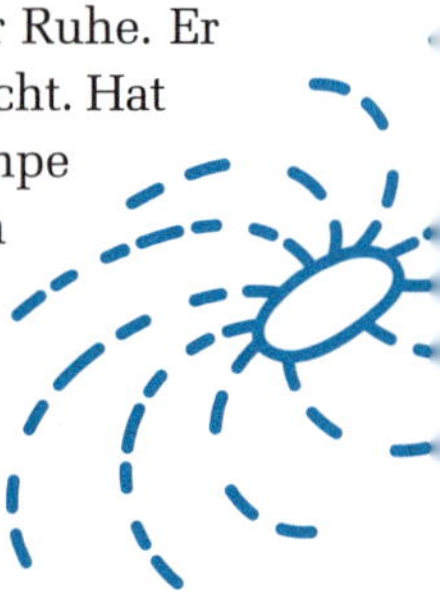

das diese Bewegung veranlasst. Also einen Beweger. Also etwas, das diesen Ball in Bewegung setzt oder den Planeten in Bewegung setzt, die Sonne in Bewegung setzt. Da muss es aber auch einen Grund geben für den Beweger, etwas in Bewegung zu setzen. Also muss es einen Beweger des Bewegers geben. Möglicherweise gibt es sogar einen Beweger des Bewegers des Bewegers. Also, Sie merken schon, wohin das führt. Es muss schlussendlich einen Beweger geben, der selbst nicht mehr bewegt worden ist: Der unbewegte Erstbeweger. Für Aristoteles war ganz klar: Das muss Gott sein. Das ist natürlich, sagen wir mal, für die Astrophysik sehr unerfreulich. Ich sage es Ihnen ganz ehrlich: Wir haben in unseren Gleichungen keinen Gottesbegriff. Und wir haben tolle Gleichungen, gerade in der Kosmologie, wie die Gleichung der allgemeinen Relativitätstheorie oder die Gleichung der relativistischen Quantenfeldtheorie. Sie sehen jetzt mein Gesicht nicht, aber darauf sind wir alle sehr stolz in der Physik. Das sind die ganz großen Theorien über die Welt. Und ja, wir verzichten darin komplett auf Gott. Es gibt in unseren Gleichungen keinen Gott. Es gibt auch keine Wunder in unseren Gleichungen. Man braucht keinen Sinnesbegriff. Die

Astrophysik ist eine Sinn-freie Tätigkeit – nicht sinnlos, nur sinnfrei. Das heißt, wir können keinen Sinn berechnen. Fragen wir nach dem Sinn, dann fragen wir nach etwas, das sich naturwissenschaftlich jeder Untersuchung völlig entzieht. Woher soll man das wissen? Wie soll man Sinn messen? Sinn ist etwas, das weit über alles Messbare hinausgeht. Wenn wir Lebewesen – gerade auf diesem Planeten – nach dem Sinn in der Natur suchen, dann ist das eine nicht-naturwissenschaftliche Frage. Wir Naturwissenschaftler können nur die Kulisse anbieten, vor der sich eine Sinnesdiskussion vollzieht. Wir können gar nicht sagen, was dahintersteckt. Wir können nur sagen, was davorsteht.

Die Urknalltheorie

Nach allem, was wir wissen, ist das Universum also entstanden, denn es zeigt sich – und das ist heutzutage eine ganz grandiose Sache – in den Beobachtungen eine große Entwicklungslinie. Aus dem Anfang, diesem heißen Anfang nämlich, der erst 1948 zum allerersten Mal so richtig beschrieben wurde, ergeben sich gewisse Vorhersagen über den heutigen Zustand der Welt. Mit anderen Worten: Nehmen wir mal an, die Welt sei vor 13,7 Milliarden so heiß entstanden, wie würde sie dann heute aussehen? Können wir irgendwelche Indizien dafür finden, dass dieses Modell vom Anfang auch tatsächlich das richtige Modell ist? Wenn das Universum expandiert, dann kann man Folgendes verstehen: Wenn der Raum größer wird, dann sinkt die Temperatur. Machen wir mal wieder ein einfaches Gedankenexperiment. Wir nehmen eine Luftpumpe in die Hand, halten vorne den Daumen drauf und pumpen hinten Luft rein. Was passiert? Wir komprimieren die Luft und dabei wird es heißer. Umgekehrter Fall: Wenn die Luft expandiert, wird sie kälter. Und genauso müsste es mit dem Universum ja auch passiert sein. Also kann das Urknallmodell eine Vorhersage darüber machen, wie kalt das Universum heute sein müsste, wenn das Universum vor 13,7 Milliarden Jahre entstanden wäre mit einer Temperatur von 10^{32} Grad. Das kann man ganz einfach ausrechnen. Das ist ganz wunderbar. Und was soll ich Ihnen sagen? Die Vorhersage und die Beobachtungen stimmen unglaublich gut miteinander überein. Das kann Zufall sein, ich weiß, ich weiß. Eine Vorhersage macht noch keinen Sommer und so weiter. Ja, ja, ja. Aber das Urknallmodell kann noch was anderes vorhersagen. Wenn die Naturgesetze, die wir von der Erde kennen, damals schon im Universum gültig gewesen sein sollten, dann könnte man ja zum Beispiel auch die Naturgesetze der Kernphysik nehmen – also die Gesetzmäßigkeiten, die den Aufbau der Atomkerne und die Dynamik der Kernbausteine erklären – und sie in der Zeit anwenden, in der das Universum sich quasi so verhalten hat wie ein Atomkern. Man müsste sie also verwenden können, um auszurechnen, aus welchen Atomkernen das Universum denn nun anfänglich bestanden haben muss. Und daraus kann man eine Vorhersage ableiten.

Jetzt muss ich an dieser Stelle ein winzig kleines Intermezzo machen, das wir nachher noch gut gebrauchen können, wenn es darum geht, wie denn in diesem Universum Leben entstanden sein soll. Es geht um den Begriff der chemischen Elemente. Es gibt ja das Periodensystem der Elemente. Sie erinnern sich. Das ist diese Aneinanderreihung chemischer Elemente. Das erste Element ist Wasserstoff. Dann kommt Helium. Die erste Periode lässt sich relativ einfach darstellen. Es sind nur zwei Elemente: Wasserstoff und Helium. Aber dann Lithium, Beryllium, Bor und so weiter, Stickstoff, Sauerstoff und so weiter, Kohlenstoff dazwischen. Okay. Das heißt also: Man hat es mit schweren Elementen zu tun, wie Sie gleich noch sehen werden. Sie fragen sich: Warum sagt der jetzt schon »schwer«? Mein Gott! So schwer ist doch Sauerstoff gar nicht. Ich atme ihn doch gerade ein. Und Stickstoff, das ist doch das Material, aus dem unsere Atmosphäre besteht! Ja, wir Astronomen nennen alle – und da möchte ich mich gleich entschuldigen, alle Chemikerinnen und Chemiker mögen mir verzeihen – Elemente, die schwerer sind als Helium, Metalle. Ja, ich lasse Sie jetzt lachen. Das ist historisch bedingt. Ich weiß auch nicht, warum, ehrlich gesagt. Aber nur damit Sie wissen, was ich alles meine, wenn ich im weiteren Verlauf von Metallen spreche. Damit meine ich auch Fluor zum Beispiel, Phosphor oder auch Eisen und Kupfer und so weiter. Gut. Und Sie und ich als Lebewesen bestehen ja aus schweren Elementen. Wir haben zwar viel Wasserstoff in uns, aber nur in gebundener Form, vor allem nämlich in der Form von Wasser, aber auch Kohlenwasserstoffe. Aber wir bestehen vor allen Dingen aus Sauerstoff und Kohlenstoff – auch Stickstoff. Da

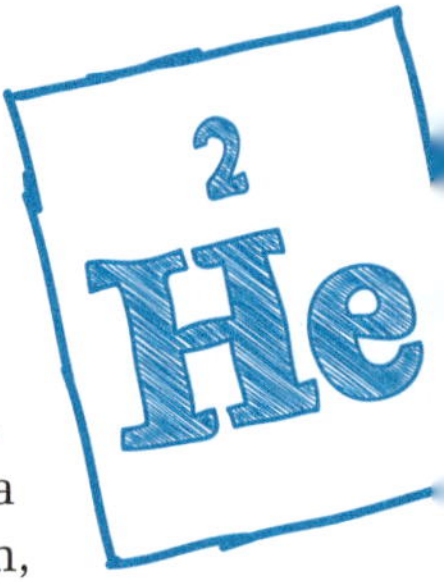

haben wir mal ein bisschen Phosphor und Kalzium in den Knochen, Eisen im Blut, Jod in der Schilddrüse, Fluor in den Zähnen und so weiter und so weiter. Na ja, Sie wissen das. Aber alle diese Elemente, alle Elemente nämlich, die schwerer sind als Helium – und das sage ich Ihnen jetzt schon mal vorab –, sind in den Sternen entstanden. Jawohl. Wir sind Sternenstaub – zu 92 Prozent sind wir Sternenstaub. Also das, was uns ausmacht, hat mit dem Beginn des Kosmos erst mal gar nichts zu tun. Zu Beginn des Kosmos, also in den allerersten drei Minuten ungefähr, sind nur ganz leichte Elemente entstanden, nämlich Wasserstoff und Helium. Wenn man aber weiß, dass Sterne Kerne miteinander verschmelzen und dabei verändern, dann muss man sich natürlich die Frage stellen: Wo bitte schön im Universum findet man noch Material, das von den Sternen nicht verwandelt worden ist? Also, wie kann ich nachweisen, woraus das Universum am Anfang tatsächlich zusammengesetzt war? Es geht ja immer noch um die Frage, welche Vorhersagen die Theorie vom Urknall außer dieser Temperaturgeschichte noch machen kann. Tem-

peratur war ja klar: Universum expandiert, Temperatur wird niedriger. Und die Temperaturvorhersage des Urknalls und die Beobachtung der Temperatur des Universums stimmen sehr gut überein. Hätte man immer noch sagen können: Das ist ein Zufall. Aber dann kommt die Anwendung der Kernphysik: Wo kann man im Universum herausfinden, aus welchen Atomkernen das Material bestand, das dann später, viel später, zu Sternen, Galaxien und so weiter geworden ist? Da muss man sich einfach ein bisschen umgucken im Universum. Da bietet das Universum ja jede Menge Platz. Und wo schaut man sich um? Im Raum zwischen den Galaxien. Da kann man ziemlich sicher sein, dass dort noch keine Sterne gewesen sind, die das Gas verwandelt haben. Das ist also der wirkliche leere Raum zwischen den Galaxien. Da ist überhaupt nichts. Doch, ein bisschen was ist natürlich da, sonst würde man ja nicht hingucken. Also ein bisschen primordiales Gas, so heißt das ursprüngliche Gas. Wie das Universum am Anfang zusammengesetzt war? Was soll ich Ihnen sagen? Ich mache es kurz. Obwohl es jetzt schon so lange dauert. Aber das ist mir wichtig. Sie sollen verstehen, warum wir der Meinung sind, dass man die Naturgesetze, die wir hier im Labor auf der Erde herausgefunden haben, an den Anfang des Kosmos setzen kann. Das ist nämlich der wichtige gedankliche Schritt, den Sie mitmachen müssen. Ansonsten werden Sie immer sagen: »Aber das kann ja am Anfang alles ganz anders gewesen sein!« Wir würden Ihnen sagen: »Nein! Das kann nicht anders gewesen sein! Es gibt nur eine Natur! Es gibt nur eine richtige Physik! Und die muss die gesamte Natur komplett beschreiben können oder wir können sie gleich wieder vergessen. Wir wollen keine isolierten Inseln haben, wo die Naturgesetzlichkeiten mal eben so sind und am nächsten Tag sind sie anders. Oder irgendwo anders ist alles ganz anders. Nein, nein, nein!« Sonst könnte ich ja auch nachher über das Phänomen Leben gar nicht als ein Phänomen sprechen, das möglicherweise im Kosmos weitverbreitet sein könnte. Das könnte ja irgendwie ganz anders sein. Nein, nein, nein. Unser Planet ist der kosmische Durchschnitt. Unser Teil der Milchstraße ist kosmischer Durchschnitt. Wir sind ganz

normal. Also ich will nicht sagen 08/15, aber wir sind der Normalfall. Wir sind der Standard. Wir sind nichts Besseres und nichts Schlechteres. Bei uns ist es so, wie es überall ist. Damit muss man sich abfinden. Das ist jetzt vielleicht für die einen eine sehr optimistische Variante, für die anderen eine sehr pessimistische. Aber sei's drum. Zurück zum Anfang. Na ja, nicht so direkt zum Anfang, sondern zu dieser Vorhersage der Urknalltheorie, dieser kernphysikalischen Vorhersage. Die ist exakt eingetreten. Man hat genau das gemessen, was die Urknalltheorie vorhergesagt hat. Annährend 75 Prozent Wasserstoff und der Rest Helium. Da sind Sie baff. Da wird es schon sehr schwierig, von einem Zufall zu sprechen. Da muss man dann schon sagen: »Ja, okay. Vielleicht ist da ja was dran!« Und dann gibt es noch einige andere Vorhersagen der Urknalltheorie, die sich alle in der Beobachtung bestätigt finden – alle! Heutzutage mit einer Genauigkeit von einem Hundertstel Promille. Das ist schon wirklich gut, das muss man schon sagen. Wenn man sich überlegt, dass das Universum alles ist, was da ist, und wir können die Eigenschaften des Universums auf ein Hundertstel Promille genau vermessen, muss man sagen: Donnerlittchen!

Oder wie ich immer sage: »Für den öffentlichen Dienst doch nicht schlecht!« Wir können also ein bisschen was aussagen darüber. Wir haben eine Theorie, mit der man die Entwicklung des Universums beschreiben kann.

Die Leere des Universums

Jetzt gibt es noch ein Problem, das den Anfang betrifft, das wir noch nicht so richtig griffig dargestellt haben. Gucken Sie mal abends raus, wenn es dunkel ist und wenn es nicht bewölkt ist. Ansonsten sehen Sie ja nichts. Wenn es nicht bewölkt ist, dann sehen Sie Sterne. Sie sehen natürlich auch Planeten, aber Sie kennen natürlich den Unterschied zwischen Planeten und Sternen. Die Planten sind diese kleinen Scheiben am Himmel, die kaum flackern. Die sind ja sehr nah bei uns, also im Vergleich zu den Sternen. Und deswegen flirrt die Luft zwar auch wie bei den Sternen, aber die Planeten sind Scheiben. Und deswegen haben sie so gut wie kein flackerndes Licht. Die Sterne sind nur Punkte. Die sind so weit von uns entfernt. Diese Sterne funkeln richtig. Die Planeten nicht. Also, bleiben wir mal bei den funkelnden Sternen. Und was kommt dabei heraus? Na? Ja, ja, die Tatsache, dass Sie diese Sterne sehen, bedeutet, dass zwischen Ihrem Auge und diesen Sternen nichts ist. Aber auch wirklich überhaupt nichts, was das Licht geschluckt hätte. Sonst würden Sie den Stern ja nicht sehen. Wenn Sie einen Stern sehen, dann machen Sie eine der wichtigsten kosmologischen Erfahrungen überhaupt. Sie merken nämlich, dass das Universum unglaublich leer ist. Also geradezu absurd leer. Das ist ein Abgrund, der sich da auftut. Fragen Sie mal einen Astronauten, wenn Sie einen treffen. Lassen Sie sich mal von ihm erzählen, was da draußen eigentlich los ist. Nämlich nix. Da ist überhaupt nichts. Also, das Universum ist unglaublich leer. Im Vergleich zum Anfang, wo offenbar alles so zusammengedrängt war, ist das Universum heute total leer. Also, mir fällt gar kein Eigenschaftswort ein. Wie absurd, abstrus, irrsinnig, katastrophal leer das ist! Lassen Sie sich bloß nicht erzählen, da draußen wäre unglaublich was los, so wie es in den Science-Fiction-Geschichten immer ist. Ja, da fliegt man raus, und sofort erlebt man die tollsten Abenteuer. Aber in Wirklichkeit: nichts.

Eine einzige große Langeweile. Das Universum ist eigentlich nur interessant, wenn man auf einem so wunderschönen Platz existiert wie auf unserer Erde. Dann ist das Universum interessant. Aber wenn man da draußen ist, ist man, glaube ich, froh, wenn man wieder nach Hause kommt. Egal, ob man nun irdisch ist oder außerirdisch. Ich glaube, alle Lebewesen sind immer wieder froh, wenn sie nach Hause kommen. Das Universum ist kein Platz zum Leben. Aber ich will hier jetzt nicht herumphilosophieren über den Zustand des Universums. Das heißt, ich tue es natürlich doch. Und zwar eigentlich, um Sie darauf hinzuführen, dass heutzutage das Universum ja offenbar ganz anders ist als so, wie das Universum am Anfang gewesen sein muss. Woher kommt denn nun diese riesige Leere? Woher kommt es eigentlich, dass, wenn man jetzt mal tiefer in das Universum schaut, hier und da und dort ein paar Galaxien sind, ein paar Galaxienhaufen, aber sonst nichts? 75 Prozent des Universums sind leer, und zwar total leer. Da können Sie mit dem Teleskop tagelang hinschauen. Da sehen Sie nix. Überhaupt nix. Gar nix. Das Universum hat sich also entleert. Es gibt einen Entwicklungsprozess im Universum. Und ich bringe jetzt hier zum allerersten Mal das Wort, das eigentlich von den meisten von uns immer nur im Zusammenhang mit Leben verwendet wird: den Begriff der Evolution. Das Universum hat sich entwickelt. Und es entwickelt sich weiter. Es wird ein Morgen geben. Und danach wird es noch ein Übermorgen geben. Wie kann man den Zustand des Universums da fassen? Das Universum hat sich aus einem sehr heißen, sehr homogenen, also gleichmäßigen, Anfangszustand in das hineinentwickelt, was wir heute sehen. Und da, ich erkläre nichts umsonst, sind wir bei der Kraft, von der vorhin schon mal die Rede war, der schwächsten aller Kräfte, aber auch der Königin aller Kräfte: bei der Gravitation. Nur weil die Gravitation nicht abschirmbar ist, haben sich die Verdichtungen, die winzig kleinen Schwankungen der Gasdichte im frühen Universum, verstärkt. Weil nämlich dort, wo das Material etwas dichter war, auch die Gravitation etwas höher war. Das heißt, das Material, das etwas dichter war, hat Materi-

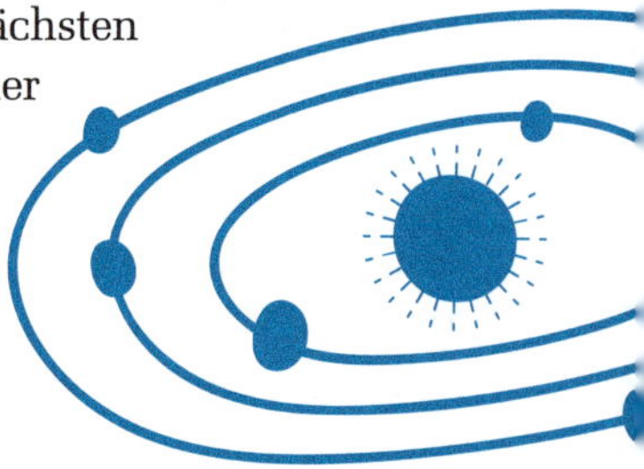

al aus der Umgebung zu sich herangezogen. Das hat dazu geführt, dass das ehemals dichte Material noch dichter, also noch schwerer, geworden ist. Was wiederum dazu geführt hat, dass noch mehr Material aus der Umgebung in diesen Knotenpunkt hineingelaufen ist. Und so kann man die Entwicklung des Universums heutzutage als eine zunehmende Strukturentwicklung erkennen. Das Universum hat sich entwickelt. Große Leerräume sind völlig abgeräumt. Das Material ist längst weg. Das muss ja auch sein. Wenn es anfänglich gleichmäßig war, aber heutzutage eben solche Knotenbildungen zu sehen sind, dann muss es große Leerräume geben. Und in den großen Leerräumen haben sich die Galaxien entwickelt. In den Galaxien haben sich die Sterne entwickelt. Und um manche Sterne herum haben sich sogar Planeten entwickelt.

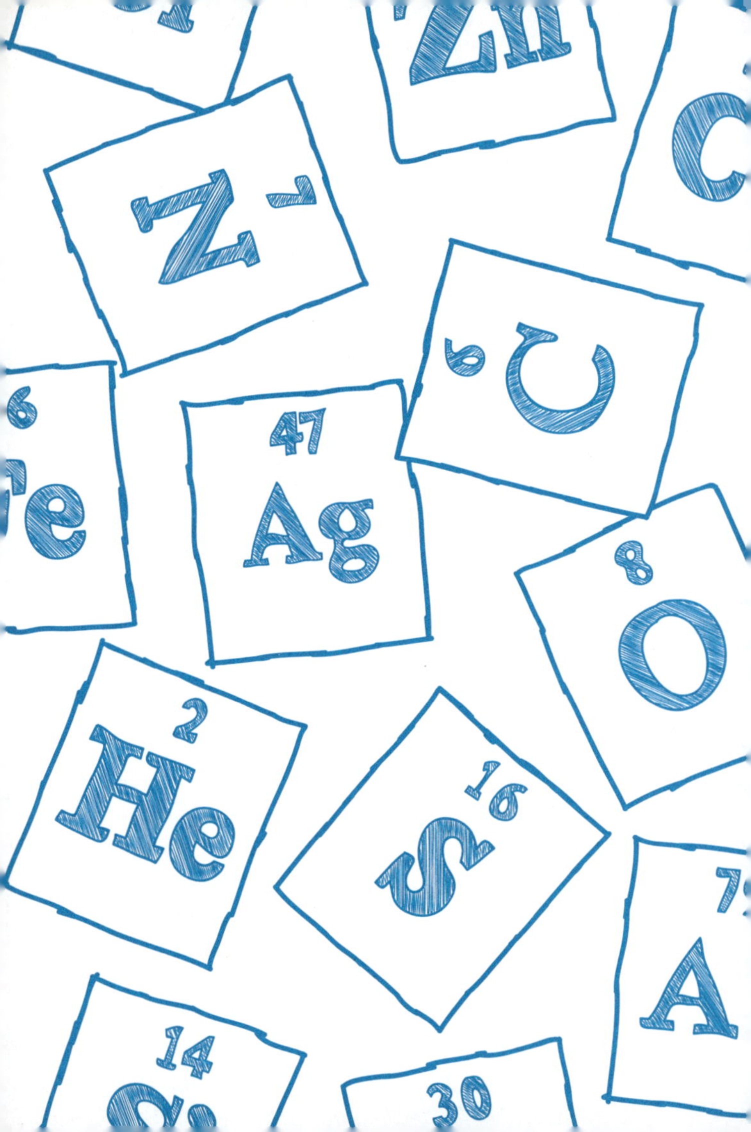
Zn
6
C
47
Ag
8
O
2
He
16
S
14
30
A

Der Evolutionsbegriff und die Entstehung der Elemente

Kleiner Exkurs. Wir können ja bei jedem Ding fragen: Wo kommt es her? Das ist sogar eine sinnvolle Frage. Das ist eine wichtige Frage für uns, die wir in die Welt hineinkommen, und die Welt ist schon da. Man könnte vom Dilemma des Zuspätkommenden sprechen. Sie wissen ja, Sie kommen auf die Welt und die Welt ist schon da. Tja, was machen Sie nun mit der Welt? Sie versuchen, sie zu erklären. Sie versuchen, sich irgendwie in der Welt zu orientieren. Und wie macht man das? Die Naturwissenschaft ist eine Form der Orientierung. Die Religion ist eine andere Form der Orientierung. Und beide zusammen sprechen gewisse Erfahrungsebenen von uns Menschen an. Da gibt es die naturwissenschaftlichen Erfahrungen, es gibt die spirituellen Erfahrungen und so weiter. Alle Wissenschaften versuchen, sich mit der Welt auseinanderzusetzen. Sie sitzen an einem Tisch, nämlich am Tisch des Menschen, der versucht, diese Welt zu erleben. Also, wir kommen in diese Welt und versuchen, sie zu verstehen. Und da kann man bei jedem Ding sinnvollerweise fragen: Wo kommt das her? Und das ist der allgemeinste Begriff von Evolution, den es überhaupt gibt. Und was werden Sie sagen? Werden Sie sagen: »Die Uhr war schon immer da«? Oder: »Das Glas war schon immer da, das hat irgendjemand da hingestellt«? Oder: »Diese Uhr ist schon immer zusammengebaut gewesen, die hat irgendjemand da hingelegt«? Oder werden Sie eher sagen: »Nein, nein. Alles um mich herum, wie ich selbst auch, besteht aus einfachen Bauteilen. Und diese einfachen Bauteile oder Bausteine sind zu etwas Neuem zusammengesetzt worden. Und bei diesem Neuen sind neue Qualitäten aufgetaucht, also neue Eigenschaften. Und diese neuen Eigenschaften, die haben sich dann zu weiteren neuen Eigenschaften zusammengetan und so weiter.« Also auf Deutsch gesagt: Wir sind doch alle fest der Meinung, dass die Welt um uns herum nicht schlagartig so geworden ist, wie sie heute ist. Sondern dass sie sich entwickelt hat. Das heißt, der Evolutionsbegriff ist ein ganz, ganz, wie es so schön heißt, immanenter Begriff der Naturwissenschaft. Der steckt da mittendrin, im Zentrum jeder Naturwissenschaft. Er ist die Frage »Wo kommt das her?«. Wo kommt das Phänomen her, das ich beobachtet habe? Also irgendeine Erscheinung. Oder: Woher kommen die Dinge um mich herum? Und so kann ich es auch beim Universum machen. Und was stelle ich fest? Nun, ich stelle fest: Das Universum war früher heiß, dicht, homogen, und heute ist es geklumpt, kalt, riesengroß. Das heißt, dieser Entwicklungsprozess steckt tatsächlich bereits im Urknallmodell mit drin. Also nicht der Prozess selbst, sondern die Beschreibung dieses Entwicklungsprozesses. Und zu diesem Entwicklungsprozess gehört vor allen Dingen auch, dass sich in dem Moment, in dem sich die Galaxien gebildet hatten, innerhalb der Galaxien noch mal genau das Gleiche abgespielt hat. Das hat wieder zur Bildung von Galaxien geführt, nämlich zur Verdichtung von Materie. Jetzt aber innerhalb der Galaxien auf viel kleinerem Raum. Und da ist was Irres passiert. Während nämlich normalerweise Gas, solange es nur sein eigenes Gewicht spürt, einfach immer weiter immer größere und größere Dichten annimmt, kommt bei Sternen auf einmal eine Kraft dazu, die vorher noch gar nicht aufgetaucht war. Nämlich eine Kraft, die sich der Gravitation entgegenstellt und sagt: »So, jetzt ist aber Schluss mit der weiteren Verdichtung!« Ein Stern ist ein Balanceakt. Er besitzt diese unglaubliche Menge an Materie, die in ein relativ kleines Volumen zusammengepresst ist. Und deswegen spürt der Stern seine eigene Schwere. Diese eigene Schwere ist gewissermaßen ein Druck auf sein Zentrum. Im Zentrum des Sterns spielt sich nun aufgrund dieses äußeren Drucks eine merkwürdige Verwandlung der Materie ab. Nämlich die Transformation der kleinen Atomkerne zu immer größeren und größeren Atomkernen. Die Verschmelzung vor allem von Wasserstoff zu Helium, aber auch, wenn dieser Teil des Brennvorgangs abgeschlossen ist, die Verschmelzung von Helium zu Beryllium und dann, und deswegen lege ich hierauf so großen Wert, zu Kohlenstoff. Denn wir sind doch Kohlenstoffeinheiten. Und dann geht es weiter. Da wird Sauerstoff verbrannt und erzeugt. Es wird Silizium erzeugt, Neon und so weiter. Nun, das Entscheidende ist:

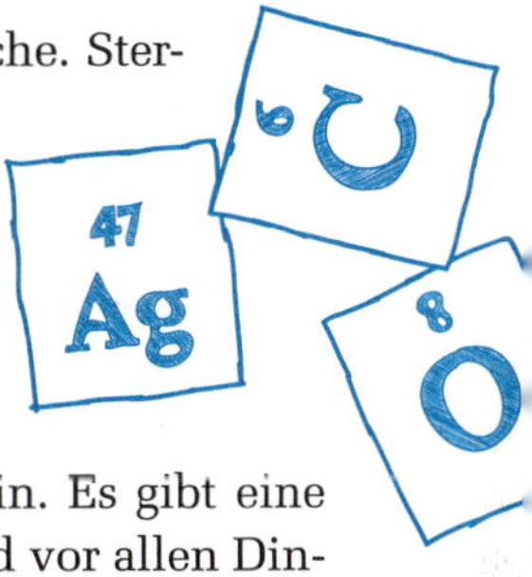

Die Sterne sind die Elementeköche. Sterne produzieren im Universum die schweren Elemente. Sie wissen, was ich meine, die Metalle. Nun ist es aber nicht so, dass die Sterne diese schweren Elemente, die sie in sich erbrüten, bei sich behalten. Nein, nein. Es gibt eine Klasse von Sternen, und das sind vor allen Dingen die großen Sterne, die sind sehr großzügig und geben in einer gewaltigen Explosion die Elemente, die sie erbrütet haben, wieder an das Universum zurück. Das ist eine sogenannte Supernova. »Nova« bedeutet »neu«. Der Astronom Tycho Brahe zum Beispiel hat 1572 einen neuen Stern am Himmel beobachtet. Den nannte er Nova. Das war eigentlich ein Skandal für die damalige Zeit. Denn man konnte sich damals nicht vorstellen, dass da am Himmel noch was Neues passiert. Schließlich war alles festgemauert auf der Erde, möchte ich fast sagen. Das Bild vom Himmel war klar: Die Planeten drehen sich um die Erde. Alles dreht sich um die Erde. Die Sonne, der Mond, auch die Sterne in der Fixsternsphäre. Und da passiert nichts. Ist ja alles fix. Und dann taucht da ein neuer Stern auf. Du liebe

Güte! Der hatte echte Schwierigkeiten damit. Aber das war nur der Beginn des Zerbröckelns dieses mittelalterlichen Weltbildes auf dem Weg zum heutigen Weltbild vom großen Urknall. Kommen wir aber wieder zurück zu unseren Sternen. Die ganz großen Sterne sind es, die fast alle Brennstufen erreichen. Die also bis zum Eisen durchbrennen. Und dann werden Sie schon sagen: »Moment! Eisen? Das ist doch nicht das letzte Element im Periodensystem.« Stimmt. Alle Elemente, die schwerer sind als Eisen, werden während einer Supernova-Explosion erzeugt. Wenn nämlich die Hüllen des Sterns auf den nicht mehr brennenden Kern des Sterns fallen, wird es unglaublich heiß und dabei werden alle Elemente erzeugt, die schwerer sind als Eisen. Denn nur bis zur Erzeugung von Eisen wird bei der Kernfusion, also bei der Verschmelzung von Atomkernen, Energie frei. Also, falls Sie Gold an sich, um sich oder in sich haben: Das ist ein Material, das ein Stern während seiner Zerstörung bildet. Das ist gewissermaßen der Rest vom Schützenfest. Kalauerzone, okay. Gehen wir wieder zurück. Also, Sterne

produzieren die schweren Elemente und einige von ihnen geben diese schweren Elemente wieder an das Universum zurück. In einer Milchstraße wie unserer, in einer Galaxis also, vollzieht sich auf diese Art und Weise ein Materiekreislauf. Mit der Schlagzahl von 30 Millionen Jahren wird immer wieder eine Injektion erfolgen, die systematisch das interstellare Medium – das ist das Material zwischen den Sternen – mit schweren Elementen anreichert. Und vor 4,7 Milliarden Jahren ungefähr ist ein Stern explodiert, der seine schwere Fracht in eine benachbarte Gaswolke hineingepresst hat. Dadurch wurde die Gaswolke dichter. Das hat dazu geführt, dass sie ihre Energie durch Strahlung schneller verloren hat. Was wiederum dazu führte, dass die Schwerkraft, die sie auf sich selbst ausübte, weil sie bereits so schwer war, nicht mehr durch die innere Energie, also durch Wärme, gebremst wurde. Und auf diese Weise ist die Gaswolke immer weiter und weiter in sich zusammengefallen. Genau wie beim Stern, wo die Kernverschmelzung, die Kernfusion, der Schwerkraft eine Kraft entgegensetzt, nämlich den

Druck der frei werdenden Energie, die nach außen drängt. So sind auch Gaswolken zunächst einmal stabilisiert durch ihre innere Energie. Das ist ihre Hitze. Ihre Wärme. Wenn diese Wärme durch Strahlung abgeführt werden kann, dann kann die Gaswolke sich immer weiter und weiter und weiter verdichten. Und auf diese Weise können Gaswolken, mit schwerem Material angereichert, Sterne bilden, die um sich herum Planeten besitzen. Dieser Schritt kann in der Milchstraße nach den heutigen Kenntnissen erst seit rund fünf Milliarden Jahren vollzogen werden. Denn vorher gab es nicht genügend schwere Elemente in der Milchstraße, um Planeten zu bauen. Und mit Planeten meine ich jetzt so einen wie unseren. Also mit einer festen Oberfläche. Silizium, Aluminium, Magnesium, Eisen. Alles da. Nickel, Kupfer und was Sie wollen. Also was Ordentliches. Nicht irgend so einen Gasplaneten, der sowieso nur aus Wasserstoff und Helium besteht. Nein, was richtig Ordentliches. Und auf dem Planeten Nummer drei, den Sie alle kennen, denn das ist

der Planet, auf dem wir leben, muss sich in einer bemerkenswerten Art und Weise vor ungefähr vier Milliarden Jahren eine weitere Transformation vollzogen haben. Eine Transformation, die aus der toten Materie lebendige Materie hat werden lassen. So. Jetzt sind wir hier angekommen.

Unser Sonnensystem

Ich wiederhole: Wir haben verschiedene Schnittstellen in der Entwicklung des Universums. Wir haben den Anfang, ganz klar. Wir haben die Entstehung der allerersten Galaxien und Sterne, auch ganz klar. Wir haben die Entstehung der schweren Elemente und die Rückgabe der schweren Elemente ans Universum und dadurch die Möglichkeit zur Bildung von Planeten. Heutzutage, das hatte ich noch gar nicht erwähnt, haben wir bereits annähernd 350 Planetensysteme um andere Sterne entdeckt. Die meisten von diesen Planeten, die wir bis heute kennen, sehen so ähnlich aus wie Jupiter. Jupiter ist 317-mal so schwer wie die Erde und ein Gasplanet. Er besteht fast nur aus Gas. Irgendwann werden wir jedoch auch erdähnliche Planeten um andere Sterne herum entdecken. Aber kommen wir zurück nach Hause, zu unserem eigenen Sonnensystem. Dieses Sonnensystem ist nur deshalb entstanden, weil in der Nähe der Gaswolke, aus der dann das Sonnensystem geworden ist, Sterne explodiert sind und die ihre schweren Elemente in diese Gaswolke hineingepresst haben. Und dann sind die Planeten entstanden. Nun schauen wir uns kurz an, was wir in unserem Sonnensystem alles haben: Merkur, aber der ist zu nah an der Sonne dran. Viel zu heiß. Venus. Da, könnte eigentlich was dran sein. Venus ist ein Zwillingsplanet. Sie hat fast die gleiche Masse wie die Erde, aber sie dreht sich unglaublich langsam. Venus dreht sich langsamer um die eigene Achse, als sie sich einmal um die Sonne herumdreht. Also wirklich sehr langsam. Und sie ist ein bisschen näher dran. Und dann haben wir die Erde, wunderbar. Dann haben wir draußen Mars. Der Mars ist ein sehr inkontinenter Planet. Er hat nur zehn Prozent der Erdmasse, also kann er nichts halten, schon gar keine Atmosphäre. Das sind die vier wichtigen Felsenplaneten. Und weiter draußen, da sind die großen Riesenplaneten. Also Jupiter und Saturn. Und ganz draußen dann Uranus und Neptun. Das sind Eisriesen.

Und ganz weit draußen war ja früher Pluto, ich weiß nicht, ob Sie sich erinnern. Er ist ja unlängst zum Zwergplaneten erklärt worden. Das hätte ich, ehrlich gesagt, nicht gemacht. Sehen Sie mal, Pluto ist 1930 entdeckt worden. Das heißt, er ist seit seiner Entdeckung noch nicht einmal ganz um die Sonne herumgewandert. Und schon nach etwas mehr als 70 Jahren sagt man zu ihm: »Pluto, du bist jetzt ein Zwergplanet.« Nö, das hätte ich nicht gemacht. Ich hätte gesagt: »Pass auf, Pluto. Du drehst jetzt hier eine Runde. Und danach wirst du zum Zwergplaneten.« Aber na gut, ich bin ja nur eine Stimme. Vielleicht habe ich auch ein zu naives Verhältnis zu den Dingen, also namentlich auch zu Pluto. Sei's drum. Also, wo ist Leben entstanden im Sonnensystem? Offenbar nur auf der Erde. Wie ist es auf der Venus? Man dachte lange Zeit, auf der Venus gebe es auch Leben. Denn unter dieser undurchsichtigen Wolkendecke konnte man lange spekulieren: »Mensch, die Venus ist ein bisschen näher an der Sonne, vielleicht ist es dort so wie bei uns vor 65 Millionen Jahren, also schön warm. So

baumdicke Schachtelhalme, Dinosaurier, Venusianerinnen und Venusianer.« Aber die sowjetische Astronomie hat ganze Arbeit geleistet und eine Sonde auf die Venus geschickt. Die ist zwar nach drei Minuten kaputtgegangen, aber das war kein Wunder, denn die maß die Temperatur und den Druck. 450 Grad Oberflächentemperatur und 90 Atmosphären Druck. Da bleibt kein Auge trocken. Die Venus ist ein toter Planet. Warum? Nun, sie hat praktisch nur Kohlendioxid in der Atmosphäre. In einer sehr dichten Atmosphäre, die 90-mal so viel Masse wie die der Erde besitzt. Und sie hat einen galoppierenden Treibhauseffekt erlebt. Deswegen ist es so heiß, 450 Grad Celsius Oberflächentemperatur. Der Mars ist zu leicht für Leben. Seine Atmosphäre ist so dünn wie bei uns in 35 Kilometern Höhe. Das können wir also auch vergessen. Er hat auch praktisch kein flüssiges Wasser an der Oberfläche. Wenn er jemals Wasser gehabt haben sollte, dann ist es zu Eis gefroren. Und es geht auch heute direkt von der Eisphase in die Wasserdampfphase, also in die gasförmige, über. Das wird sofort ver-

schwinden. Deswegen ist er auch so trocken, er ist wahrscheinlich eine der trockensten Stellen im ganzen Kosmos. Aber kommen wir zurück zur Erde. Was ist auf der Erde passiert?

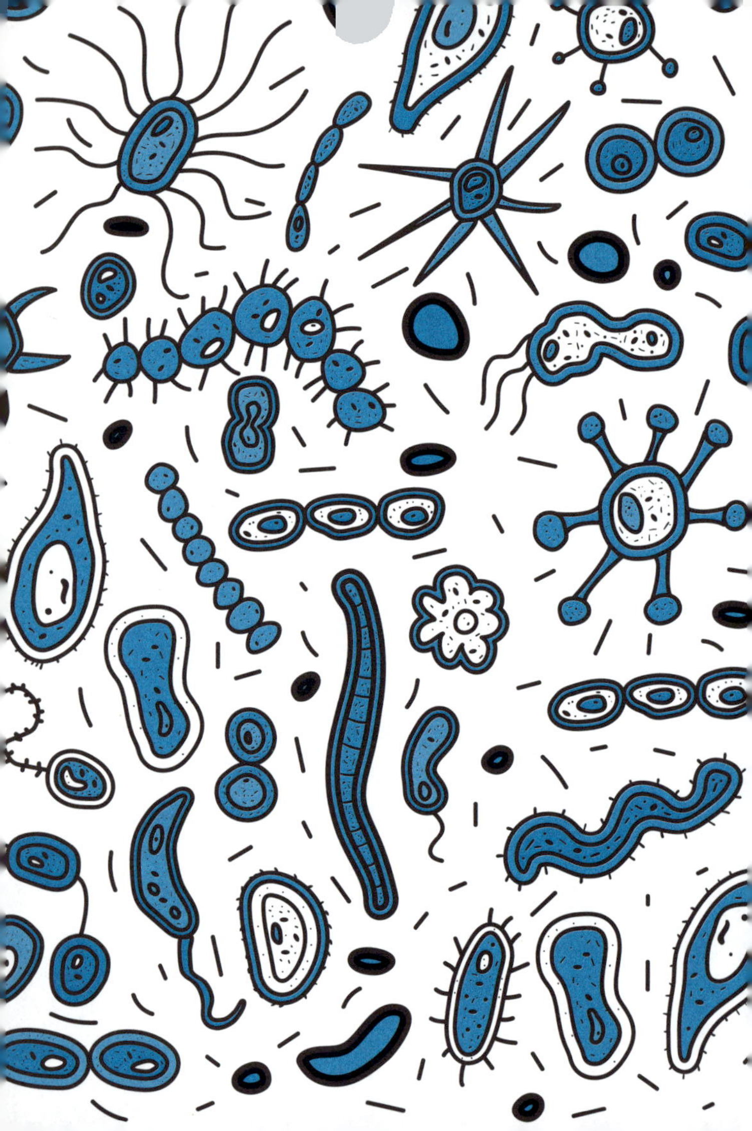

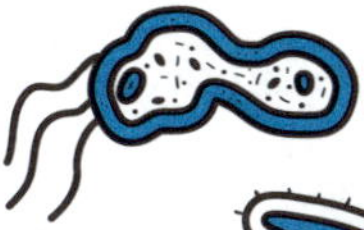
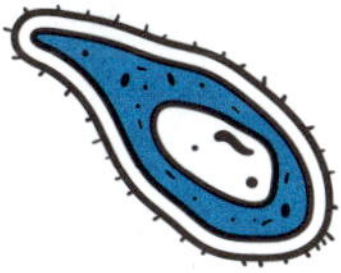

Was ist Leben?

Wieso gibt es auf unserem Planeten Leben? Wie konnte das passieren, ein solcher Vorgang, der sich heutzutage, wenn wir nur unsere unmittelbare Umgebung anschauen, in einer solchen Vielfalt entwickelt hat? Nun, ich will Ihnen keine Vorlesung über Evolutionstheorie halten. Ich möchte Ihnen ein paar Sachen erzählen, die man als Physiker, in diesem Fall als Astrophysiker, zu diesem Phänomen der Entstehung des Lebens sagen kann. Dann kommt man direkt in die Bredouille. Man kommt in riesige Schwierigkeiten, schon allein mit der Definition. Was bitte schön ist denn Leben? Ja, machen Sie für sich mal ein paar Definitionen. Sie werden sich wundern. Das ist nämlich gar nicht so einfach. Da gibt es ja die Definition, dass es irgendeine Art von Energieaustausch mit der Umgebung geben muss, also das, was man Stoffwechsel nennt. Da kommt etwas rein und da geht auch wieder etwas raus. Dann soll es sich reproduzieren, also vermehren, können. Was muss es noch sein? Kann es nur Leben auf Kohlenstoffbasis geben? Nein. Also, bleiben wir mal beim Stoffwechsel und bei der Reproduktion. Und das muss es autonom tun, also möglichst unabhängig vom Rest der Umgebung. Was ist Leben? Leben ist kein Ding wie ein Tisch. Leben ist ein Vorgang. Und weil das alles so schwierig ist und weil die Details so unglaublich überwältigend sind, hat man sich in der Physik auf eine bemerkenswert einfache Definition geeinigt. Ich verrate sie Ihnen jetzt mal und ich erkläre sie Ihnen dann auch: Leben ist ein dissipatives Nicht-Gleichgewichtsphänomen. Ja, jetzt wissen Sie mehr, was? Jetzt wissen Sie gar nichts. Das sind ja nur Fremdwörter. Also, »Phänomen«, gut. »Nicht-Gleichgewicht« auch, okay. Aber »dissipativ«, was soll das sein? Es geht um Energie. Letztlich geht es um die Frage, wie ein materielles System Energie verarbeitet, die von außen kommt. Ich will Ihnen erst einmal eines sagen: Sie und ich, alle Lebewesen auf diesem Planeten, wir sind Durchlauferhitzer. Es gibt uns nur deshalb, weil die Sonne mit ihrer Oberflächentemperatur von

5700 Grad unglaubliche Energiemengen auf den Planeten Erde wirft. Die Sonne ist 150 Millionen Kilometer von uns entfernt. Sie ist der Reaktor, der alles auf diesem Planeten antreibt, alles. Jeden schlechten und guten Gedanken, jede Pflanze, jede Kuh. Alles, was auf diesem Planeten irgendwie passiert, wird letztlich von der Sonnenenergie gespeist. Das bisschen, was die Erde an innerer Energie hat, das können Sie vergessen angesichts der ungeheuren Menge an Energie, die die Sonne jeden Tag auf die Erde wirft. Aber viel wichtiger noch, nein, nicht viel wichtiger, aber mindestens genauso wichtig ist, dass die Erde nachts die am Tag aufgenommene Energie auch wieder an das Universum abgeben kann. Wir sind also in einem Energiefluss. Und dann, wenn etwas im Fluss ist ... da greife ich mal kurz zu den griechischen Naturphilosophen, das muss jetzt sein. Einfach auch, um ein bisschen Ruhe in dieses Buch zu bringen.

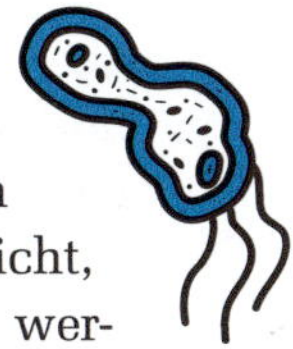

Panta rhei, alles fließt, sagte Heraklit, einer der Vorsokratiker. Er ist gewissermaßen der Gewinner. Er hatte nämlich völlig recht. Aber er wusste damals nicht, wie häufig diese Äußerung noch zitiert werden würde und jetzt eben auch von mir zitiert wird. Solange alles im Fluss ist, hat man noch kein Gleichgewicht erreicht. Gleichgewicht ist dann, wenn nichts mehr fließt. Also dissipatives Nicht-Gleichgewichtssystem, jetzt wissen wir schon mal, woher das »Ungleichgewicht« kommt. Die Sonne bringt die Energie auf die Erde, die Erde gibt sie ans Universum wieder zurück. Übrigens geht das nur, weil das Universum so kalt ist. Denn wenn das Universum so heiß wäre wie die Sonnenoberfläche, dann wäre es so unerträglich heiß hier, dass es uns gar nicht geben würde. Denken Sie daran, dass Ihre und meine Eiweißmoleküle so ab 42 Grad anfangen sich aufzulösen. Deswegen ist ja hohes Fieber so gefährlich. Planeten mit Leben kann es überhaupt erst geben, seitdem das Universum dafür auch kalt genug ist. Damit die Planeten nachts ihre Energie wieder abstrahlen können. Das Ungleichgewicht besteht also darin, dass man einen Energiestrom haben muss. Aber nicht irgendeine Energie, sondern eine bestimmte Form von Energie. Legen Sie sich doch mal in eine Mikrowelle. Davon werden Sie nicht satt. Sie werden warm werden, ganz sicher. Aber Sie werden nicht satt. Das heißt, Sie haben schon Ansprüche.

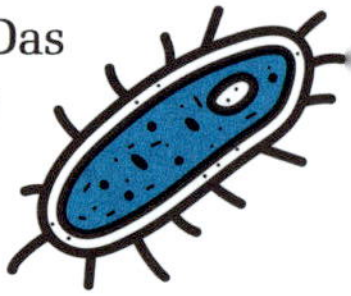

Und zwar an die Nahrung, die Sie aufnehmen. Nun sind Sie aber auch schon das Resultat einer sehr langen Evolutionsgeschichte. Man könnte ja auch mal eine Zelle nehmen und sie in die Mikrowelle legen. Nun, die Zelle wird auch nicht satt in der Mikrowelle. Sie braucht auch eine gewisse Konzentration an Nährstoffen, die in ihr aufrechterhalten werden muss. Da kommen Sie mit elektromagnetischer Strahlung allein nicht weiter. Wir verlangen also von der Energie, dass sie in einer bestimmten Form vorliegt. Das macht unser Planet im Wesentlichen selbst. Aber auch die Energie der Sonne muss in der richtigen Form vorliegen. Wenn die Sonne nur ein Radiostrahler wäre – die elektromagnetischen Strahlen reichen ja vom Radiobereich bis zur Gammastrahlung – oder ein Röntgenstrahler, würde es uns nicht geben. Oder wenn die Sonne viel mehr UV-Strahlung hätte, dann würde es uns auch nicht geben. Wir brauchen schon den richtigen Stern, der mit der richtigen Temperatur die entsprechende Menge an richtig guter Energie liefert. Jetzt nur ein kleines Intermezzo: Es gibt einen roten Zwerg mit Namen Gliese 581. Das ist ein sehr kleiner Stern, er hat eine Oberflächentemperatur von weniger als 3000 Grad. Er strahlt im Wesentlichen rotes beziehungsweise infrarotes Licht ab. Und um diesen Stern herum gibt es etliche Planeten. Der Stern ist aber so kalt, dass es auf den Planeten kaum Leben geben wird. Da könnte nur Leben sein, das irgendwie mit Infrarotstrahlung etwas anfangen kann. Aber das Leben, das wir kennen, also Leben auf Kohlenstoffbasis, wird bei diesen geringen Energiemengen nicht gedeihen können. Da wird sich nicht viel entwickelt haben. Aber auf unserem Planeten hat sich schon viel entwickelt. Und wie ist es denn nun anfänglich gewesen? Wie muss es denn gewesen sein? Also, wir haben die Forderung nach einem Ungleichgewicht. Und wir brauchen entsprechend schwere Elemente. Das haben wir alles da. Wir haben Planeten, wir haben den Stern. Wunderbar. Jetzt können wir anfangen.

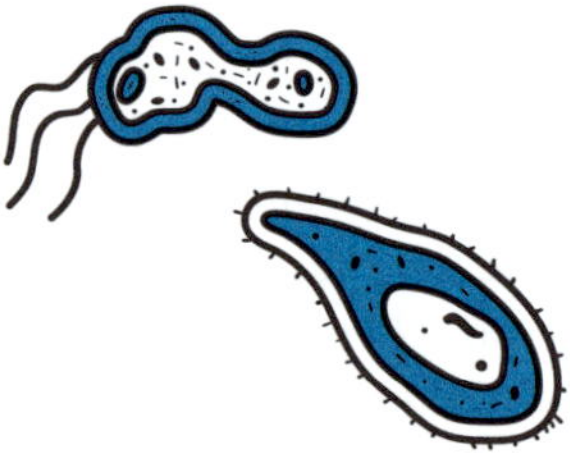

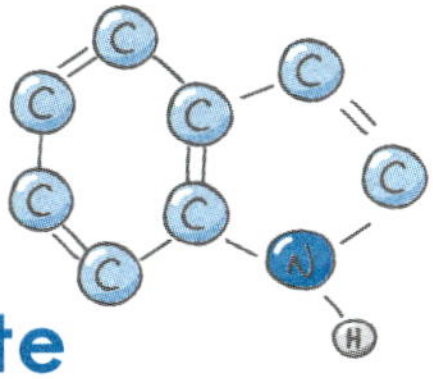

Der allererste Anfang des Lebens

Jetzt könnte das Leben eigentlich anfangen. Ja, aber wie? Ich muss darauf verweisen, dass Sie sich ganz kurz an Ihren Chemieunterricht erinnern. Da gibt es doch gewisse Bindungen. Ein Atom bleibt nämlich nicht gerne alleine als Atom, sondern verbindet sich, wenn noch Atome von der möglicherweise gleichen Sorte in der Nähe sind, mit den anderen Atomen zu Molekülen. Und ein Stoff ist nun ganz besonders bindungswillig. Das ist der Kohlenstoff. Der ist so unglaublich bindungswillig, dass er nicht nur Verbindungen der einfachsten Natur eingeht, sondern er macht Zweifach-, Dreifach- manchmal sogar Vierfachbindungen, und er bildet vor allem Kettenmoleküle. Große, lange Kettenmoleküle. Schmeißen Sie einfach Kohlenstoff in Wasser, und dann bilden sich Moleküle aus. Es darf allerdings nicht zu viel Wasser sein, weil Wasser dazu neigt, solche Kettenmoleküle nachher wieder aufzulösen. Falls sich das Leben also in Wasser entwickelt haben sollte, und davon müssen wir ausgehen, dann kann es nicht im zu tiefen Wasser gewesen sein. Es kann aber auch nicht im zu flachen Wasser gewesen sein, denn im flachen Wasser hat sich auf der frühen Erde die Ultraviolettstrahlung als außerordentlich molekülzerstörend erwiesen. Ach so, das wussten Sie gar nicht? Ja, früher ist die Ultraviolettstrahlung der Sonne direkt auf die Erdoberfläche geknallt. Da gab es nämlich noch überhaupt keinen Sauerstoff in der Atmosphäre. Und deswegen gab es auch kein Ozon in der Atmosphäre. Und deswegen gab es auch keine Ozonschicht, um die Erde davor zu beschützen, dass sie pausenlos mit harter Strahlung von der Sonne bombardiert wird. Nein, damals hatte die UV-Strahlung eine ziemlich zerstörerische Wirkung.

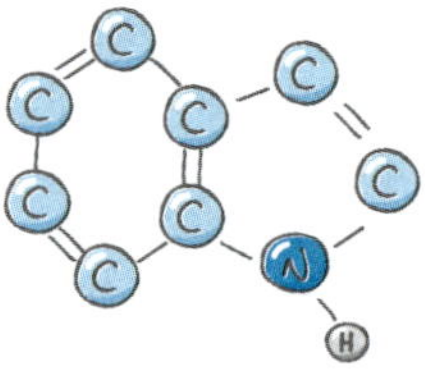

Aber zurück zur Frage des Anfangs. Dissipation habe ich noch nicht erklärt, das haben Sie noch gar nicht gemerkt. Das erkläre ich Ihnen aber jetzt. Dissipation heißt Zerstreuung, Verteilung. Die Energie, die kommt, muss entsprechend verteilt werden. Und die Dissipation hat die Funktion des Managers, sie delegiert. Verantwortung wird verteilt an die Untersysteme, und die sollen mal zusehen, wie sie zum Beispiel mit der Energie oder mit den Nährstoffen, die angeliefert werden, klarkommen. Es bilden sich Untersysteme aus, weitere Untersysteme und das Allererste. Und dann komme ich erst mal an den Anfang. Also nicht an den Anfang des Universums, den hatten wir schon. Wir kommen an den Anfang des Lebens. Das Allererste, was sich gebildet haben muss, sind Moleküle. Und jetzt gibt es einige Moleküle, die haben eine ganz merkwürdige Eigenschaft. Die sind nämlich ängstlich. Die haben eine Phobie, sie mögen kein Wasser. Dann drehen die sich weg vom Wasser, irgendwohin, wo weniger Wasser ist. Und wenn Sie sich vorstellen, dass Sie viele Moleküle von der Sorte haben, dann kriegen Sie auf einmal so eine Anordnung wie beim Militär. Also quasi Moleküle in Reih und Glied. Der

Anteil, der mit Wasser gut kann, ist dem Wasser zugewandt. Und der Anteil, der Angst vor dem Wasser hat, ist vom Wasser weggewandt. Und auf einmal kriegen Sie eine Wand. Die Moleküle liegen auf einmal tatsächlich wie Kompanien kreisrund umeinander herum. Die wasserliebende Seite nach außen, die wasserängstliche Seite der Moleküle nach innen. Und was haben Sie auf diese Art und Weise erzeugt? Tatatataaa, Madames et Monsieurs: die Membran! Zum allerersten Mal gibt es eine klare Grenze zwischen innen und außen. Denn der Teil des Moleküls, der mit Wasser kann, ist zum Wasser hingerichtet, und der Teil des Moleküls, der mit Wasser überhaupt nichts zu tun haben will, ist nach innen gerichtet. Sie kriegen eine klare Abgrenzung. Eine ganz wichtige Eigenschaft von Leben ist nämlich Profilierung, und damit meine ich keine Profilneurose, sondern die Möglichkeit, dass die Natur sich strukturiert. Und diese Wände, diese Membranen machten es möglich, dass sich zum Beispiel Nährstoffkonzentrationsunterschiede bildeten. Jawohl, ich wiederhole: Nährstoffkonzentrationsunterschiede. Innen drin war von einem bestimmten Stoff, zum Beispiel von Salz, etwas mehr als außen. Verstehen Sie, was ich meine? Innen war es anders als außen. Dadurch hatte sich ein Gebiet schon von der allgemeinen Umgebung isoliert. Und ein Lebewesen ist ein ganz besonders profiliertes Ereignis in einer Umgebung. Sie unterscheiden sich ja auch von Ihrer Umgebung. Fassen Sie sich einfach mal an. Sie sind deutlich dichter und anders strukturiert als die Luft um Sie herum. Selbst wenn Sie im Wasser sind, Sie merken es sofort. Wir bestehen zum großen Teil aus Wasser, wissen wir alle. Aber wir sind etwas anderes. Und diese Strukturierung muss nun am Anfang dazu geführt haben, dass es energetisch günstiger war, in einer solchen Membransituation zu sein als nicht in einer solchen Membransituation. Das muss der Beginn des Lebens gewesen sein. Als sich zum allerersten Mal Moleküle selbst organisierten. Als Materie anfing, sich selbst auf komplizierte Art und Weise auf der molekularen Ebene so zu organisieren, dass sich die Nährstoffkonzentrationsunterschiede von selbst aufrechterhalten konnten. Das ist der entscheidende Punkt.

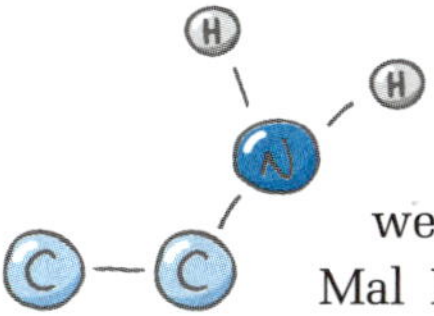

Wie es Leben auf der Erde geben kann

Verstehen Sie, damals müssen die Bedingungen auf der Erde ja wirklich katastrophal gewesen sein. Das war ja ganz anders als heute. Wir hatten keinen Sauerstoff in der Atmosphäre, nur Kohlendioxid, Methan, Ammoniak, unglaublich viel Wasserdampf, Stickstoff natürlich schon jede Menge. Es gab ungeheure Materiekreisläufe auf der Erde. Warum gab es diese Materiekreisläufe? Wegen des Vulkanismus. Die Erde war ja noch ein glutflüssiger Ball. Ich könnte Ihnen jetzt etwas über den Anfang der Erde erzählen. Ich glaube, Sie machen sich keine Vorstellung. Das kann man sich auch gar nicht vorstellen. So unvorstellbar wie der Anfang des Universums ist auch der Beginn der Erde mit diesen brodelnden Energiequellen,

Vulkanismus, Blitzen, also Entladung, Gasen. Es gab Entladungen der Atmosphäre noch und nöcher. Es gab eine ständige Veränderung der chemischen Zusammensetzung der Oberfläche durch ihre entsprechende geologische Aktivität. Es drang Material aus dem Erdinneren nach oben und gleichzeitig regneten enorme Mengen an Material aus der Atmosphäre heraus. Das alles zusammen hat den Zustand ergeben, den man sich vielleicht heute noch so ein bisschen an der ozeanischen Kruste anschauen kann, wo aus den berühmten Black Smokern das heiße Material aus dem Erdinneren in das Wasser hinausdrängt. Aber ich greife viel zu weit nach vorne. Ich will ja gar nicht über die wirklichen Lebewesen sprechen, sondern über den Beginn der Selbstorganisation von Vorstufen von Leben. Das ist nämlich das Einzige, was dem Physiker tatsächlich als Untersuchungsobjekt zur Verfügung steht. Denn wenn dann mal ein Lebewesen da ist, dann kommt ja eine ganz andere Wissenschaft ins Spiel. Die Wissenschaft von den Lebewesen, die Biologie. Das, was wir in der Physik machen können, muss eigentlich letztlich immer an dem Punkt aufhören, wo nicht mehr nur von Energie und von Molekülen die Rede ist, sondern wo wirklich Eigenschaften auftreten, die dem Lebewesen zugeschrieben werden. Und so kann ich eben als Physiker wunderbar sagen: Die Membranen sind noch keine Lebewesen, aber ich habe schon die erste Struktur, die später zur Zellwand führen wird. Die Zelle versucht, Nährstoffkonzentrationsunterschiede aufrechtzuerhalten. Sie lässt etwas rein. Manche der Abfallstoffe werden auch wieder nach außen gebracht, aber im Wesentlichen wird hier Energie aufgewendet, nämlich die chemische Energie der Nährstoffe, die die Zelle aufnimmt, wird umgewandelt in etwas, das die Zelle braucht. Und diese Einzelstufen müssen sich zusammengetan haben. Denn es stellt sich heute heraus, dass die Zelle Unterstrukturen besitzt, die selbst mal so etwas wie Zellen gewesen sind, zum Beispiel die Mitochondrien. Das sind die Energielieferanten in der Zelle. Die haben offenbar einen Erbanteil. Auf der molekularen Ebene kann man ziemlich genau überprüfen, dass sie selbst mal einzelne

Zellen gewesen sind, also Einzeller. Offenbar haben sich die Einzeller dann später gegenseitig aufgenommen, um nicht zu sagen aufgefressen. Dann waren sie aber unverdaulich und auf diese Art und Weise mag das Leben herausgefunden haben, dass das Kollektiv besser ist, als immer nur im Einzelkampf zu existieren.

Also: Der Beginn des Lebens auf der Erde hat etwas damit zu tun, dass die Erde genau im richtigen Abstand von der Sonne mit der richtigen Menge an Energie versorgt wird und die richtigen Mineralien besaß. Entscheidend ist, und das müssen Sie sich auf der Zunge zergehen lassen: Kohlenstoff ist auf unserem Planeten unglaublich selten. Es gibt noch ein anderes chemisches Element, das Kettenmoleküle macht, nämlich Silizium. Das ist viel, viel häufiger. Meine Güte, 26 Prozent der Erdoberfläche bestehen aus Silizium. Das ist ein Wald-und-Wiesen-Element und praktisch immer da. Aber stellen Sie sich mal vor, Sie würden statt CO_2 SiO_2 ausatmen. Quarz. Da bliebe kein Auge trocken, es gäbe nämlich keines. Denn es wäre alles nur Sand. Silizium bildet nur bei niedrigen Temperaturen Kettenmoleküle. Bei niedrigen Temperaturen ist aber die Chemie zu langsam und auf diese Art und Weise lässt sich kein Lebewesen herstellen. Kohlenstoff ist auf unserem Planeten ein ganz seltenes Element und ist trotzdem in der biologischen Welt die Königin aller Elemente. Also: Kohlenstoff ist wichtig, Wasser ist wichtig. Aber die Molekülbildung in der Frühphase der Erde muss sich in geschützten Räumen vollzogen haben. Wobei die jetzt nicht so geschützt waren, dass sich die Moleküle nie wieder ändern konnten, wenn sie sich einmal in einer bestimmten Form gebildet hatten. Ja, das klingt jetzt so ein bisschen komisch und verweist schon wieder auf eine Menge von glücklichen Zufällen. Du lieber Gott, hätte ich fast gesagt. Aber Entschuldigung, das gehört ja gar nicht hierher. Aber die ganze Idee verweist auf Folgendes: Die Kohlenstoffketten und die Kohlenstoffringe sind sehr stabil, aber sie sind nicht so stabil wie ein Kristall, sondern an ihren Enden sind immer noch kleine Veränderungen möglich. Da kann mal ein Phosphor sein, da kann auch mal ein Wasserstoff sein oder vier Wasserstoffmoleküle. Also, da gibt es Möglichkeiten. Die Kohlenstoffchemie ist das Reich der Möglichkeiten auf der molekularen Ebene. Und das Leben ist eine Ausdrucksform davon, welche tollen Möglichkeiten die Natur hat. Und dann sind wir gewissermaßen wieder am Anfang des Vortrages: welch tolle Möglichkeiten die Natur hat!

Gott, Physik und die Kreativität des Universums

Ich habe ja zu Anfang gesagt, dass ich ein ganz naives Gottesbild habe. Ich halte Gott für jemanden, der unglaublich scharf darauf ist, neue Möglichkeiten auszuprobieren. Der neugierig ist, der staunt darüber, was die Welt so mit sich selbst anstellt. Der sich vor allen Dingen darüber freut, wenn wir uns in Freiheit für ihn entscheiden. Dabei gibt es allerdings auch die Möglichkeit, dass man sich gegen ihn entscheidet. Das kann man ruhig machen. Über diesen berühmten Abgrund des Zweifels müssen ja alle drüber, und zwar sowohl diejenigen, die glauben, als auch diejenigen, die nicht glauben. Die einen fragen sich: »Mensch, glaube ich denn eigentlich an was Ordentliches?«, und die anderen: »Ist denn mein Unglaube so zweifelsfrei?«

Also, der Zweifel ist das, was mich mit Gott am allermeisten verbindet. Der Zweifel und die Lust auf etwas Neues, nämlich die Lust auf neue Möglichkeiten, immer wieder hoffnungsvoll einen weiteren Schritt zu gehen, etwas Neues auszuprobieren. Denn wenn sich etwas zeigt in dieser Welt, dann ist es vor allen Dingen dieser unglaubliche Drang zur Kreativität. Wenn man den Beginn des Universums vergleicht mit dem, was sich heute allein auf diesem kleinen Planeten alles in verschiedenen Erscheinungsformen entwickelt hat aus diesem homogenen Anfangsbrei. Da ist ja nicht nur das Universum daraus geworden, sondern zum Beispiel auch Blumen. Mir ist es einmal so gegangen. Ich habe in meinem Garten ein Buch über Elementarteilchenphysik gelesen und dann bin ich darüber eingeschlafen und als ich wieder aufgewacht bin, sah ich eine kleine, blaue Traubenhyazinthe vor mir. Und dann dachte ich mir so: »Meine Güte, was ist das für ein Universum, das aus Quarks eine kleine blaue Traubenhyazinthe macht!« Und in diesem Sinne, glaube

ich, kann man tatsächlich auch mit einer ganz naiven Vorstellung von Gott in diesem Universum Astrophysik betreiben. Es könnte nämlich sein, dass Gott es so eingerichtet hat, dass die Dinge sich selbst machen. Und das finde ich eine ganz wunderbare Aussicht. In diesem Sinne!